青少年视频编导

教程（1级）

VIDEO DIRECTING
COURSE FOR TEENAGERS（LEVEL 1）

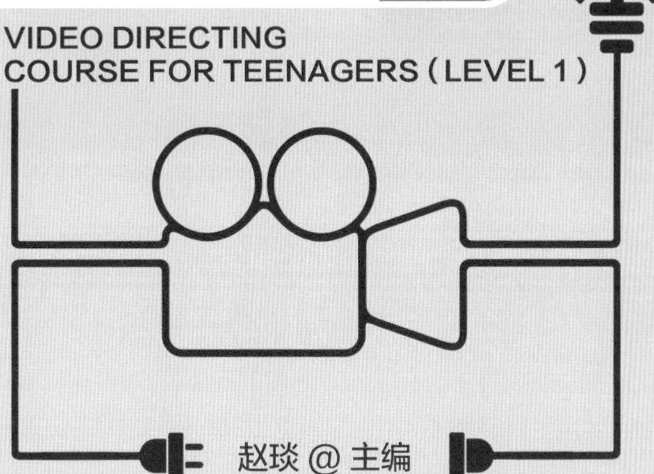

赵琰@主编

中国广播影视出版社

前言

PREFACE

“21世纪是一个什么时代？”我想问各位家长朋友这样一个问题。如果在10年前问出这个问题，相信很多家长都会回答我：“这是一个互联网时代。”但是我相信在今天，看着手机中的抖音、快手、B站，肯定会有人给出不一样的答案：“这是一个视频普及的时代。”

当下，影像视听化内容已经逐渐成为我们吸收信息与表达自我重要的方式之一，受到社会广泛的重视，因为影像相较于文字更直接、更高效、更有感染力。我们相信，在不久的未来，视频制作一定会成为越来越多的人必备的技能之一。

在开始我们这套教学体系之前，我希望通过这封信来解答各位家长朋友比较关注的几个问题。

影像教育的目的是为了让孩子成为大导演吗？

我们期待通过这套教材内容的学习，帮助有天赋的孩子走上影像艺术的职业道路，但影像教育的目的不仅于此。影像教育属于艺术类教育，而艺术类教育和我们常规的学科类教育分属两套截然不同的体系，它更着重于对孩子艺术审美能力与艺术感知力的提升。孩子从小学会并习惯于用视频观察、记录、表达自己的生活，从另外一个不同的角度看待自己与世界，从而反思自己，触类旁通，提高孩子的艺术审美能力——这才是影像教育的核心价值。

影像教育为什么要从青少年开始抓起？

近年来，很多优秀的中国影像作品逐渐被世界看到，他们用自己的方式向世界展现着中国力量和中国文化。在这些作品中，以青少年群体或者青少年视角为主题的相对稀少。事实上，青少年的视野与观点，对于中国文化的传承和弘扬，对于社会主义核心价值观的信仰和践行，特别是对于代表新时期的“中国态度”和“中国声音”，都是不可或缺的重要组成部分。而最关键的一点则在于，青少年正处于人生中学习能力最强、对世界好奇心最重的阶段，每一个细微的事物都可以成为灵感的火花，在这个阶段中进行影像学习，对孩子世界观的形成有着极为关键的作用。

对于零基础的青少年而言，影像教育应该如何开始？

为了能提供一套真正学而有用并且适合青少年学习的影像教学体系，让孩子们在激发影像兴趣的同时掌握实践技能，课题研究团队凭借多年视频制作的经验与完善成熟的教师体系，潜心打磨两年的时间，研发出这套青少年视频编导能力10级课程体系。这套课程将从影像专业知识、影像技术能力、专业应用实践和艺术素养积累4个维度提升青少年的影像素质，启发青少年的影像创作灵感，并学习如何去记录美好和展现精彩。我们还为10级课程配套设定了等级考评，根据每级课程内容和培养目标量化考评标准，打造严谨的考级系统，保障孩子们系统化、进阶式地完成知识积累和能力成长。

各位家长朋友，我们衷心期待在不久的将来，有越来越多的青少年喜欢上用视频记录成长、分享情绪；期待更多的“青少年编导”习惯用影像来表达自我、认知世界；期待年青一代能用更多优秀的影像作品，向世界传播来自中国的独有文化和美好故事。请和我们一起，陪伴孩子去感受影像的魅力。

本书是10级课程体系中的1级教材，将从“电影与我们的关系”以及“影像实践技能”两大板块入手，带领未来的“青少年编导”走进影像的世界。我们在书中创造了“小π”这样一个小导演形象，他是一个对影像充满热情的小朋友，并会全程陪伴孩子共同学习影像知识。现在，让我们把时间交给“小π”，让他引领大家一起推开影像世界的大门！

人物介绍

大家好，我叫小π，是更亮学校四年级（3）班的学生。我特别喜欢看电影，喜欢电影中那些飞天遁地的人物。我的梦想就是有一天我也可以拍出这么炫酷的电影，如果你有和我一样的梦想，那就一起开始快乐的学习吧！

大家好，我是导演，是整个影片的负责人。从剧本修改定稿，到现场拍摄，再到剪辑成片，都需要我全程指挥负责。所以大家一般都会把电影说成是导演的作品。

大家好，我是制片老师，剧组的资金一般都是交由我来负责的，剧组拍摄场地的协调也是由我来进行沟通的。总而言之，我是整个剧组运转的核心。

大家好，我是摄影老师，在剧组中主要负责画面拍摄的工作，在导演前期勘景的时候，我一般也会参与。在之后的学习中，我会逐渐教给大家关于拍摄的知识。

大家好，我是编剧老师，在电影的制作中，我主要负责前期的剧本创作，写出一个优秀的故事，再根据导演的想法进行修改。

人物介绍

大家好，我是灯光老师，在电影拍摄中我主要会和摄影以及导演进行沟通，利用灯光设备打出拍摄需要的灯光效果。在后面的学习中，我也会教大家关于灯光方面的知识。

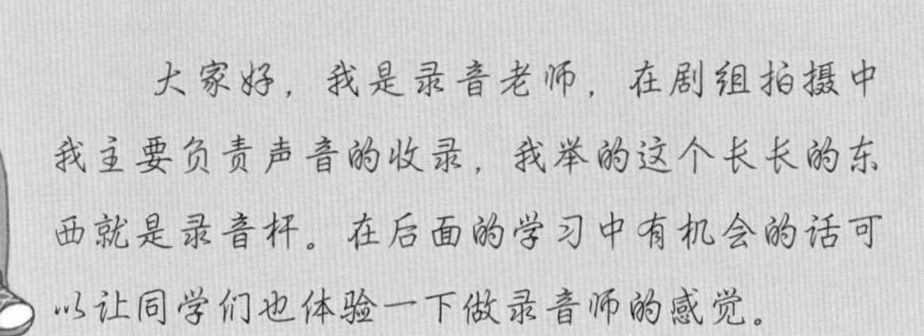

大家好，我是录音老师，在剧组拍摄中我主要负责声音的收录，我举的这个长长的东西就是录音杆。在后面的学习中有机会的话可以让同学们也体验一下做录音师的感觉。

大家好，我是美术老师，在电影拍摄中，“服化道”（服装、化妆、道具）都归我管，可以说你们平时在电影中看到的“颜值”部分都是由我负责的。

各位小朋友，有没有猜到我是负责什么工作的呀？在电影中我可以是“老师”“医生”“警察”，也可以是“女儿”“妈妈”……没错，我就是演员，我们需要熟读剧本，理解剧本中的人物灵魂，把剧本中人物的内在完美地诠释出来。

大家好，我是剪辑老师，一般来说，拍摄完成之后，素材需要交给我进行最后的剪辑工作，导演一般都会全程进行跟踪指导。在后续的学习中，我也会教给你们关于剪辑的知识。

CATALOG 目录

开始我们的编导之旅吧

第一章　导演入门课

小 π 导读：

小 π 今天非常开心，因为爸爸妈妈带小 π 去看了一部电影。虽然小 π 经常看电影，但是每次依然都会沉浸在奇妙的电影世界中，会被电影中那些伟岸的英雄人物所折服；依然会幻想着自己哪一天可以和电影中的人物一样，拥有飞天遁地的能力。走在回家的路上，爸爸问小 π：“你喜欢看电影吗？”

小 π：“喜欢，它和书不一样，电影里面的人物不但会说话、有动作，而且电影的声音听起来也非常震撼。”

妈妈笑着摸了摸小 π 的脑袋：“你以后也想拍电影给别人看吗？”

小 π 想了想，用力点点头：“想！但是那一定很难吧？”

爸爸笑着安慰小 π：“世上无难事，只怕有心人。”

小 π 暗暗下定决心：一定要好好学习，不辜负自己的梦想，也不辜负爸爸妈妈对自己的期待。

本章知识要点：

1. 电影与文学的区别

2. 电影制作的三个阶段：前期、中期、后期

3. 剧组人员的组成与职能

4. 导演需要具备哪些能力

5. 电影的过去与现在

6. 影像语言的特性 & 人类视听感知特性

图片来源于1979年由上海美术电影制片厂出品的动画片《哪吒闹海》

一、生活中的电影

●本节课内容：

同学们有没有读过《哪吒闹海》[①]的故事呢？

小π记得自己在第一次阅读哪吒的故事时，就被那个脚踩风火轮，腰围混天绫的小男孩吸引。虽然那时的小π还不知道海底龙宫是否真的像水晶宫一样五光十色，也不知道龙王三太子是否能变成人，但这些课本上的文字已经给小π插上了想象的翅膀，幻想自己跟着哪吒上天入海，经历了一场大战。

当小π听说《哪吒之魔童降世》要在影院上映的时候，就迫不及待地拉着爸爸妈妈去买票了。书本上的哪吒和龙王三太子在电影银幕上变得生动起来，他们有了声音，有了自己的性格，甚至有了自己的故事。小π一直好奇哪吒

①《哪吒闹海》：有一天，哪吒和朋友们在海边玩耍嬉闹，碰到了巡海夜叉和东海龙王三太子正在为非作歹，残害百姓。哪吒挺身而出将三太子敖丙打死。龙王知道后十分生气，降罪于李天王，发大水淹没陈塘关。哪吒不愿意拖累自己的父母，在百姓悲声载道中剔骨还于他的父母。太乙真人为他施法，化作了莲花。而后哪吒大闹龙宫抓走龙王，替百姓铲除一害。

生活的世界，以及三太子变身为人的样子，都在电影里被一一揭开了。

初读哪吒时，小 π 只知道哪吒为民着想，不畏强暴，让人们过上了安宁的生活；可电影告诉小 π 一个“生而为魔”却坚持要与命运斗争的故事。小 π 理解了哪吒的叛逆与孤独，也明白了三太子并不是绝对的恶人，三太子背负了期望，也会被哪吒影响，和他成为朋友，一起为命运抗争。

在观看完《哪吒之魔童降世》的电影之后，小 π 获得了与阅读文学作品时完全不同的感受。不知道同学们的感受是什么样的呢？

小 π 认为，文学是一门历史悠久的语言艺术，它仅借助文字的力量就能激发读者阅读的兴趣，引领着读者发挥自己的想象力，去领悟文学中的奥秘。电影相比文学而言，

图片来源于电影《哪吒之魔童降世》

图片来源于电影《鲁滨逊漂流记》

则是一门非常年轻的视听艺术。它承载着文学叙事的功能，却又在视觉与听觉上给予观众最直接的感受，消除了文学对读者阅读能力要求的门槛。

电影是继文学、戏剧、音乐、雕塑、绘画、建筑之后，伴随着科学技术的发展孕育而生的艺术门类。电影在潜移默化中，吸收了之前 6 大门类的艺术成分和表现手法。电影综合地把“静态”艺术和“动态”艺术、“时间”艺术和“空间”艺术、“造型”艺术和“节奏”艺术结合在一起，形成了自己独特的性质和艺术效果。因此，电影被人们称为继文学、戏剧、音乐、雕塑、绘画、建筑后的“第七艺术”。

课后活动：

阅读《鲁滨逊漂流记》[①]，在阅读的过程中脑海中想象画面。随后观看《鲁滨逊漂流记》电影版，在看电影的过程中体会文学与电影的区别。

二、探秘电影制作流程

●本节课内容：

同学们想必和小 π 一样喜欢看电影吧！你们知道一部电影是如何产生的吗？制作一部电影，又需要多少人一起合作呢？在这节课的内容中，小 π 将会带领大家一起走到电影的幕后。

在电影院里，我们常常看到电影的时长会在 90 分钟左右。这样的一部影片制作的工程是非常庞大的，制作的周期也相对较长，少则一两年，多则七八年。在这么长的时间里，电影人到底做了什么工作呢？

我们大致可将电影制作分为 5 个阶段：影视研发阶段、前期准备阶段、中期拍摄阶段、后期制作阶段，以及影视发行阶段（由于影视研发及发行阶段过于复杂，该内容将在第 8 级课程中学习，本章节不予讨论）。在这些制作环

①《鲁滨逊漂流记》（节选）：讲述了鲁滨逊在航海途中因为一次意外流落到了一座孤岛上，开始一次与世隔绝的生活。鲁滨逊在孤岛上凭借自己坚韧不拔的毅力与聪明机智的大脑顽强地生活了下来，在度过了整整 28 年的时光之后，最终得以返回故乡。

节中，每个阶段所需要的工作成员都不相同。有些成员只会在某个时期出现，如编剧与剪辑；有些则要贯穿整个制作周期，如导演与制片人，他们被认为是最终对影片成果负责的两个角色。

让小 π 先来和剧组的主要工作人员打个招呼吧！

小 π，你好，我是编剧，主要负责为电影写故事。

小 π，你好，我是制片人，主要负责电影制作团队的搭建，保障影片拍摄正常进行，以及影片拍摄资金的运作。

小 π，你好，我是导演，我需要参与电影的各个环节，并对每个环节进行把关，是电影内容的总负责人。

小 π，你好，我是摄影师，负责拍摄电影的画面。小 π，你想帮我按一下录制键吗?

小 π，你好，我是灯光师，会配合摄影构造电影画面。电影就是要控制光与影搭配的艺术。

小 π，你听说过“服化道”吗？这是服装、化妆、道具的简称，这些是美术师的工作。

小π，你想要和我一起参加表演吗?

小π，你好，我正在把昨天拍摄的画面素材组接成一个故事，你要看看剪辑师是怎么工作的吗?

影视研发　前期准备　中期拍摄　后期制作　影视发行

电影制作的 5 个阶段

1. 前期准备阶段：导演、制片人以及编剧往往是最早加入一部电影制作中的成员。经过他们多次的磨合，最终确认可拍摄的剧本。在等待剧本完善的过程中，制片人会为剧组找来其他的工作人员，如摄影、灯光、美术、录音、制片、演员、剪辑、特效等。之后，导演、制片以及摄影会根据剧本，寻找适合拍摄影片的场地（也称为勘景）。制片负责确认影片拍摄的地点与时间，获得拍摄许可。导演则开始忙碌于筛选演员、剧本分析、制作分镜本等工作。

2. 中期拍摄阶段：拍摄阶段就是实际拍摄画面的阶段。拍摄阶段的每一天，导演、制片、演员、摄影、灯光、美术、录音等都会聚集在拍摄地点将一个个分镜片段拍摄下来（编

剧则根据导演的需求决定要不要出现）。这个阶段是所有主要创作人员实际创作、表演的时刻，也是剧组经费花销最高的时刻。

3. 后期制作阶段：整个拍摄结束后，就进入了电影上映前的后期制作阶段了。这个阶段，导演需要跟各个后期制作的创作者（剪辑、调色、混音、特效等部门）进行合作。将拍摄好的影片素材制作成一部完整的电影。

按照影片制作的顺序，小 π 已经记住了一部电影制作的三大阶段分别是前期准备阶段、中期拍摄阶段以及后期制作阶段。同学们记住了吗？

课后活动：

认识自己最喜欢的 3 部电影的导演，他们分别是谁？观看他们拍摄的电影，告诉老师为什么喜欢这些导演。

三、如何成为一名小导演

●本节课内容：

从片场回来之后，小 π 的心里就埋下了一颗成为电影导演的种子。导演在现场有条不紊地指挥着不同部门分工协作的样子，深深折服了小 π。小 π 理解的导演应该是一名对剧作、摄影、照明、音响、剪辑等每一环节都了如指掌的技术专家，同时也是一位具有自己独特思想、审美意识以及个人风格的艺术家。

一名优秀的导演，首先，要热爱并具备电影语言和电影历史知识。其次，要拥有讲述一个戏剧性故事的能力。最难的是保持对社会的关注，拥有自己的态度与想法，并有热情去展现它们。

我长大后可以成为一名导演吗?

没有人为导演设立年龄的门槛，你现在就可以做一名小导演。只要你有想要表达的内容，掌握影视的专业知识与技能，无论是使用手机、相机或者其他的设备，都能拍摄出属于自己的作品。

小 π 已经明白了要成为一名优秀的导演，不仅要熟练地掌握电影知识与技术，更重要的是拥有讲故事的能力，对事物有独特的观点和个人的风格。小 π 已经迫不及待地想要开始学习电影知识了。

课后活动：

讲述一个身边发生的小故事，并将脑海中产生的画面描述出来。

四、电影的过去与现在

●本节课内容：

在这一节中，小 π 将会引领大家推开电影历史的大门，了解电影是如何诞生的。

在 1872 年的某一天，有两个美国人在一家酒店中因为一个问题发生了争吵，争吵的问题是：“马在奔跑的时候四蹄会不会都腾空？”于是他们就请来一个裁判，但是裁

英国摄影师爱德华 · 穆布里奇于 19 世纪 80 年代拍摄

判在观看了很多次马飞奔的过程之后还是无法确定。裁判有一个朋友叫做穆布里奇，穆布里奇是一位摄影师，他对这个问题非常感兴趣，于是穆布里奇就在马奔跑的赛道上设置了一系列的装置，保证马在每跑一段距离之后就可以拍出一张马的照片，这个故事就叫做“奔马实验”。

实验的结果显而易见，马在正式开始奔跑之后，每次跃起的时候始终都会有一只马蹄落在地上。本来这个实验到这里就该结束了，但有时候伟大的发现总有巧合参与其中。穆布里奇在展览这一系列胶片的时候无意中发现，当把这些胶片快速浏览的时候会产生一种马在奔跑的错觉，马竟然“活”了起来。这个现象发现之后引起了很多人的兴趣。经过一系列的技术发展，在1888年，生物学家马莱发明了一种“固定底片连续摄影机”，这种摄影机便是现代摄影机的鼻祖了。

小问答：

同学们知道为什么上面故事中拍摄的马匹照片快速翻阅的时候会产生运动的错觉吗？我们先来看一个故事吧。

小π特别喜欢晴天。可以躺在树荫下望着天空发呆，阳光透过茂密的枝叶缝隙，洒下点点光斑。有时望着天空

太久，挪开眼睛望向别处时，还能看到刚才光斑的形象。小 π 不明白这是为什么，便跑去问了老师。

其实呢，这个现象就叫做“视觉暂留”现象，也是一种生理反应。光象一旦在视网膜上形成，视觉会将这个感觉维持一个短暂的时间。对于中等亮度的光刺激，光象会暂留 0.1 至 0.4 秒后消失。

除此之外，还要记住：一定不能一直用眼睛盯着强光看，这样会让我们的眼睛受伤的。这点同学们可千万不能学小 π。

小鸟进笼

为了更好地理解“视觉暂留”现象的原理，我特意给你们做了一个玩具。在卡纸的两面，分别画有一只小鸟和一个鸟笼。静止的时候，小鸟和鸟笼各自待在自己的地方。

但是当你快速搓动木棍时，眼中看到的小鸟好像一下就飞进了笼子里。

同学们应该都知道，以前上美术课的时候，如果在笔记本每一页的右下角画火柴人，当我们刻意把火柴人的动作拆解画下来后，连续翻动笔记本的右下角就可以看到一个简单的“火柴人动画”了。

其实，这个现象是由两方面原因造成的：一是我们前面提到的视觉暂留现象，二是我们人类自身的心理因素，我们称为似动现象——某些条件下，人眼看到的物理静止的图像可以产生运动的感觉。

现在你们明白了吗？电影胶片本质上是由一张张静止的图片按照物体运动的顺序拍摄并排列起来的。通过电影机快速地播放，以及视觉暂留现象和似动现象的效果，那些本来静止的图片就动了起来。

电影胶片

课后活动：

大家一起来动手做一个“小鸟进笼”的玩具吧。

讲完了“视觉暂留”原理之后，我们来继续学习电影的历史吧！

卢米埃尔兄弟

1895年12月28日，法国卢米埃尔兄弟在一家咖啡馆里首次公开放映了《工厂大门》《火车进站》等影片，因此这一天在电影史上被认定为电影诞生之日。

图片来源于电影《工厂大门》

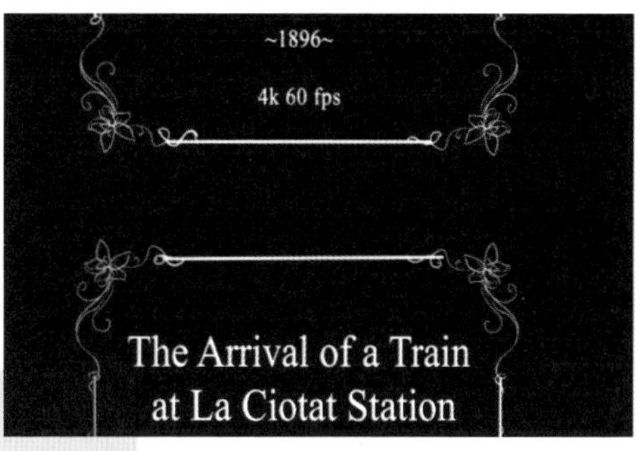

图片来源于电影
《火车进站》

卢米埃尔兄弟将摄影机摆在一座工厂的大门口，记录下工人下班时走出大门的自然场景：有骑车的，有走路的，还有一辆由两匹骏马拉着的马车驰进大门。

卢米埃尔兄弟将摄影机搬到了火车站台。他们用摄影机记录了旅客们等待火车进站，又熙熙攘攘上下车的场景。拍摄过程中，人们无意间看到了摄影机，充满了好奇。

1895 年，当时坐在咖啡馆里的观众可从未看过电影。当《火车进站》里的火车头冲着镜头呼啸而来时，他们尖叫着在咖啡馆里四处逃散，以为真会被火车轧死。

受限于技术与思维的局限，《火车进站》与《工厂大门》还只是对事件的简单记录，没有太多情节的起伏，并且这两部电影也是没有声音的，只有单纯的黑白影像，这种电影如今也被我们称为默片。

在默片时代有一个很著名的演员与导演，你们知道他的名字吗？

对！他的名字叫做查理・卓别林。

查理·卓别林，
图片来源于电影
《城市之光》

卓别林是世界上最伟大的艺术家之一，他是一名优秀的演员、导演，同时还是一个优秀的编剧。在他的一生中有很多部非常伟大的影片，即使放到今天观看，也丝毫不会让人感到无趣。

随着技术的发展，1927 年出现了电影史上第一部有声电影，它的名字叫做《爵士歌王》①。

有声电影的出现标志着电影进入了有声时代，而在 1935 年，《浮华世界》的出现也标志着电影由黑白进入了彩色。

---

①《爵士歌王》：讲述了主人公虽被家人反对，但依旧坚持自己的信念，最终成了一名爵士歌手的故事。

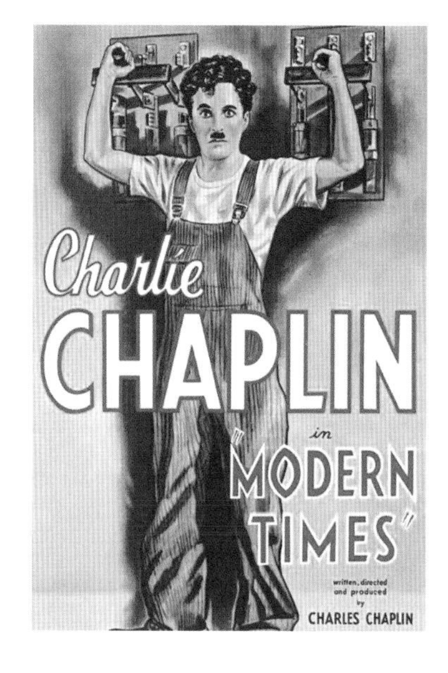

（左）图片来源于《摩登时代》[①]电影海报
（右）图片来源于《淘金记》[②]电影海报

小问答

同学们有没有发现，电影的发展是和什么息息相关的呢？

小 π 日记本：

小 π 在学习完第一章的内容之后，认认真真做了许多日记，我们一起来看看小 π 都记了些什么吧。

1. 原来电影就是“第七艺术”呀，导演可真是厉害，能够创造那么多截然不同的哪吒形象。电影中的哪吒是用画

①《摩登时代》：由查理·卓别林导演并参与主演的一部喜剧电影。
②《淘金记》：由查理·卓别林导演的一部电影，讲述了一个流浪汉从淘金最终成为一名富翁并收获了爱情的故事。

面讲故事的，书本上的哪吒是用文字讲故事的，我还是更喜欢电影，因为它更加直观生动。

图片来源于《浮华世界》电影海报

2. 我还认识了好多厉害的叔叔阿姨，有导演、编剧、制片、摄影等。他们都和我说以后要教我很多很厉害的技能。我还知道了原来电影的制作是分阶段的，有影视研发阶段、前期准备阶段、中期拍摄阶段、后期制作阶段，以及影视发行阶段。

3. 我今天学习了要怎样才能成为一个优秀的导演，不仅需要掌握电影知识与技术，还需要拥有讲故事的能力。虽然这些听起来好像都好难，但是我觉得只要持之以恒地去学习，我一定可以成为一名优秀的导演。

4. 原来我小时候对着太阳看，闭上眼睛之后眼睛里那红色的残影就是所谓的“视觉残留”现象呀。电影的每一秒画面居然是由 24 张静止的图片组成的，真神奇呀！

5. 原来电影的发展和技术息息相关呀，今天我知道了第一部电影叫做《火车进站》，还了解了卓别林，知道第一部有声电影叫做《爵士歌王》，第一部彩色电影叫做《浮华世界》。

图片来源于《爵士歌王》电影海报

第二章　手机摄影基础（上）

小 π 导读：

小 π 在上一章中学习了很多关于电影与导演的知识，回到家之后就想给爸爸妈妈拍摄许多美美的照片。但是等到真正开始实操的时候，小 π 发现手机拍照有很多不同的模式，例如人像、全景等，他不太清楚它们之间有什么区别，而且他发现有时候拍的照片都是黑黑的，连人都看不清，他不知道这是为什么。于是他就去求助摄影老师。摄影老师告诉他，从这一章开始就会学习关于摄影的实操知识，各位小导演们快来和小 π 一起开始第二章的学习吧。

本章知识要点：

1. 对焦、曝光、景深

2. 构图、景别、角度

3. 镜头的基本运动

一、摄影小课堂

●本节课内容：

我们在前面的课程中已经学习了许多关于电影与导演的知识，但是想要成为一名导演，拍摄一部电影，仅仅拥有理论知识是不够的，还需要技术性的专业知识。于是这节课小 π 特意请来了专业摄影师，和大家讲解这一章的内容。

小 π，好久不见！同学们，你们好！

本章中，我们将关注镜头的物理属性。镜头作为摄影机的一部分，我们会学习如何运用镜头，如何选择我们要拍摄的物体及构图等。

摄影机的视点，代表着观众的视点。它所选取的画面，既要满足创作者的主观表达，又要符合观看者的客观意愿。

图片来源于短片《一个桶》

在日常生活中，我们最方便接触的拍摄设备就是手机。随着科技的发展，手机的拍摄功能和呈现的画面质量已经逐渐接近专业摄影机。越来越多的人开始用手机进行视频创作，我们先来欣赏一部由我国知名导演贾樟柯用手机拍摄的作品《一个桶》吧。

同学们都拿好手机了吗？我们一起来认识一下手机的界面吧！

在手机“相机”程序中，有几个不同模式按钮：

“照片拍摄模式”：选择“照片”“人像”“全景”可以进入不同效果的照片模式。

“视频拍摄模式”：选择“视频”“慢动作”“延时摄影”进入不同效果的视频模式。

1. 曝光

我们通过拍摄视频 / 照片向观众传递信息，首先得确保观众能接收到信息，也就是说我们的视频 / 照片需要具有清晰的成像。我们先一起来对比以下 3 张照片：

曝光不足、曝光正常、曝光过度

小 π 发现，光线较暗的照片，很难让人看清楚图片的细节（曝光不足）；而光线过亮的照片中，好像很多细节都消失了（曝光过度）。只有光线适宜的照片，才会让观众觉得图像看起来既舒服，又能看清各个细节（曝光正常）。

小 π 说得很对，这就是我们常说的“曝光”的概念。

当我们在照片 / 视频模式当中，触碰手机屏幕会出现一个黄色的方框（由于手机品牌的不同，方框颜色会有所不同）。旁边小太阳的标志，则是辅助我们曝光的功能。点按小太阳上下滑动，你能感受到在不同的曝光效果下，拍摄对象呈现在画面里的不同视觉效果。

2. 焦点

同学们是不是已经学会调节手机曝光的方法了呢？在实践的过程中，小 π 注意到，这个黄色方框不仅可以调节曝光效果，还能够帮助我们选择和突出拍摄的主体。

这个黄色方框起到的作用，就是我们常说的对焦。被选择的主体部分，我们将其称为焦点；选择焦点的过程，我们将其称为对焦。

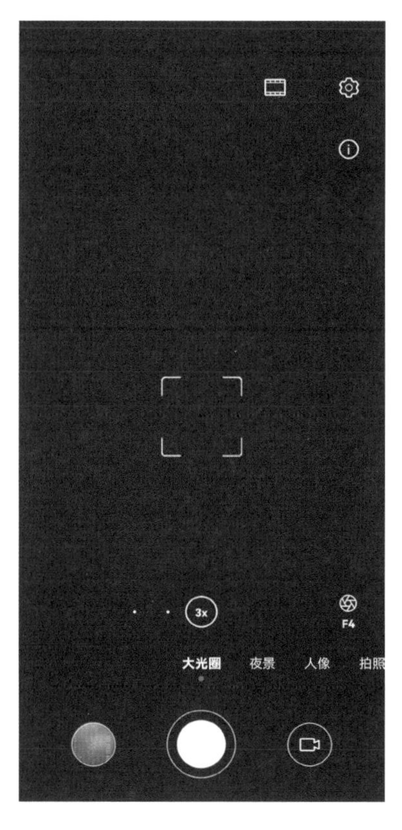

3. 景深

以上图为例，焦点选择的区域成像清晰；焦点之外的景象则被虚化；清晰区与模糊区的存在，构成了画面影像的虚实关系，即我们可以把画面分为前、中、后景，也构成了我们常说的景深。

（1）浅景深

浅景深能够非常清晰地体现清晰区与模糊区的关系，起到突出主体的作用，周围杂乱的环境则会被虚化，这样的画面会显得简洁干净。

图片来源于电影《英雄儿女》

（2）深景深

深景深没有明确的清晰区与模糊区的区别，更适合拍摄大场面的画面，比如用深景深拍摄车水马龙的街道，远处的车辆都能比较清晰地看见，突出街道繁忙的特点。

图片来源于电影《海上钢琴师》

课后活动：

运用这节课学习的曝光、焦点、景深的知识，大家和小 π 一起来为自己喜欢的玩具拍摄几张图片吧，注意感受呈现效果的不同哦。

4. 构图

上节课学习了手机拍照的知识，小 π 迫不及待地拍了好几张照片，大家最喜欢哪一张呢？

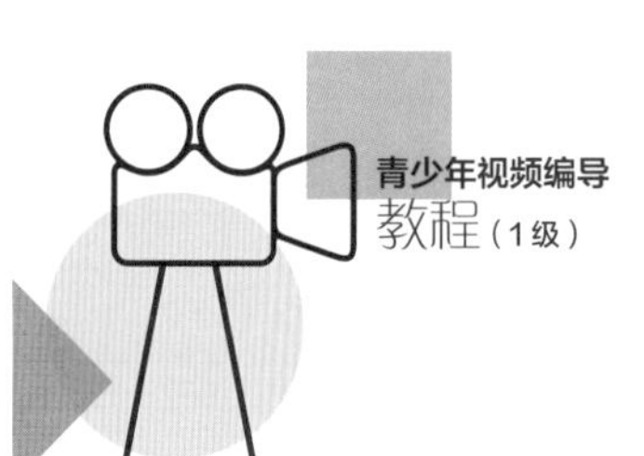

小 π 拿着照片去请教摄影老师。老师说一幅成功的摄影艺术作品，首先是构图的成功。成功的构图能使作品内容顺理成章，主次分明，主题突出，赏心悦目。反之，就会影响作品的效果，没有章法，缺乏层次，整幅作品不知所云。小 π 看了看手里的照片好像明白了构图的重要性。

我们一起来学学常见的 6 种构图吧。

5. 三种基础构图

（1）九宫格构图（黄金分割）

在一张照片中，我们将画面平均分为九块内容，此时，画面上会出现四个交叉点，这四个点是粗略位置的黄金比例分割点，把拍摄的主体放在这四个点附近，这就是我们所说的九宫格构图。

图片来源于电影《金刚》

（2）三分构图

将画面从顶部到底部平均地分为三块内容，这样所呈现的画面就会更加清晰有条理性；三分构图在画面结构和视觉感受上都要舒服得多。

（3）对称构图

对称的物体会带给人一种平衡、稳定的视觉感受，而对称构图就是为了呈现这种美感，在生活中其实有很多对称的物体，例如：桥梁、高楼、大门等。

小贴士：拍摄人物时请注意下面的重要提醒，会让你的画面效果更棒哦！

图片来源于电影《楚门的世界》

拍摄时不要截断人物的脚、膝盖附近或两条腿，不要截断人物的手腕，头顶不要太空或太紧，平衡感很重要。

课后活动：

大家先试试用这三种基础构图方法来拍照吧。

6. 三种构图进阶

（1）对角线构图

图片来源于电影《海蒂与爷爷》

让主线条对角穿插画面而过，呈现出立体感、延伸感和运动感。

（2）向心构图

主体处于画面中心位置，物体边缘的延长线会呈现朝中心集中的特点，这种构图方式能够将观众视线引导向主体，以达到突出主体的目的。

（3）框架构图

用框架将画面主体框起来，框架作为陪体存在。突出主体，遮挡不必要的元素，增加画面的层次，渲染画面的氛围。

以上介绍的几种方法是影像作品中常见的构图技巧，在现实生活中要活学活用，灵活应对，摄影毕竟是艺术，不能死板地硬套哦。

课后活动：

大家再用新学的三种构图方法去拍拍照吧，在实操中去体会每种方法的特点与不同。

二、摄影大课堂

●本节课内容：

1. 镜头的含义
2. 景别：学会区分远、全、中、近、特
3. 角度：学习角度的区分

同学们在上节课结束之后一定都尝试过用手机拍照了，也一定都对镜头不再陌生。同学们都在哪些地方看见过镜头呢？

小π："在西湖边，我见过许多叔叔拿着相机在拍摄美景，相机身上就有镜头。"

小亮："我手机上有镜头，就在手机背面。"

刚才同学们提到的镜头，其实是一种物理学中的实物，我们称它为“光学镜头”。它是由许多光学透镜组成的。

除此之外，我们会把视频拍摄时，录制与停止录制之间所记录下的一段画面，称为“镜头”。镜头是构成一部影片的基本单位。平时观看的影片都是通过一系列镜头组接而成的。

导演或者摄影师，决定了镜头拍摄的画面内容。观众也只能根据这些画面内容接收到拍摄者想要传递的讯息。所以我们说镜头实际是代表了一种视线，一种观察事物的角度。电影艺术就是通过视听语言来表达思想、传递感情、完成叙事的。

在本节课程里，我们主要从景别以及角度两个方向去讨论它们会对我们的镜头叙事产生什么影响。

1. 景别

景别来源于人们的实际生活，依据人们所处的位置、观看事物的远近以及当时的心理需要，以人体在画面中的范围为基准对景别进行了划分。

【小 π 游记】

周末，小 π 和爸爸妈妈到博物馆参观。从公共汽车上下来，广阔的博物馆广场就展现在了眼前。穿过广场，来到博物馆门前，两尊石狮子整齐对称地摆放在大门两侧。走近了看，这里的石狮子和小 π 见过的有些不同，他们的嘴里各含着一颗石球。小 π 伸出手碰了碰它们，发现它们居然可以转动，却怎么也取不出来。这让小 π 非常好奇。

同学们在阅读小 π 游记的时候，是不是脑海里已经有

了想象的画面了呢？大家一定会发现，当我们在广场上看狮子，它只是视觉里一个小小的点；当我们走近了它，甚至用手触碰它时，它就变得非常具体，也非常清晰了。

当我们拥有了这样的感受时，就体会到景别的意义了。景别大致上可以分为五大类：远景、全景、中景、近景与特写。

（1）远景

远景是所有景别中视觉距离最远、表现空间范围最大的一种景别。画面中人物主体隐约可辨，但难分辨外部特征，适于展示大的空间、环境、交代背景，展示事件的规模和气氛。

图片来源于电影《海上钢琴师》

远景主要有“起承转合”的作用，在影像中应用的场景有如下三种：

①主要用于介绍故事发生的地点、环境等，通常用作故事的开篇。

图片来源于电影《东方红》

在电影《东方红》的开头，观众可以看到整个天安门城楼，天色刚刚亮起，道路上有来来往往漫步的行人，有指挥交通的交警，整个场景不显拥挤却可以表现出热闹的氛围，随着镜头从远景开始逐渐推进，国徽慢慢出现在镜头前。

②可以提升故事的境界，一般在结尾使用较多。

在《哈利·波特与魔法石》这部电影的结尾，哈利·波特完成了一学期的课程，乘坐火车返回麻瓜的世界。火车

图片来源于电影《哈利·波特与魔法石》

渐渐开远，海格站在站台边挥手。镜头越拉越远，看见的场景越来越大，人物越来越渺小，也展现出了魔法与现实世界的交融。

图片来源于电影《阿甘正传》

③可以用于抒情，采用空镜头：如大树、草原、大海等。

在电影《阿甘正传》中，阿甘受到了其他小孩的欺负，在用力奔跑的过程中摆脱了双脚支架的束缚。镜头随着阿甘的奔跑，逐渐拉远，景别转化为远景。观众看到阿甘自由地奔跑在一片广阔的草坪上，也体会到阿甘自由的感受。

（2）全景

全景主要会用来表现被拍摄对象的全貌或被拍摄人体的全身画面，同时还会保留一定范围的空间环境。

图片来源于电影《英雄儿女》

全景在影像中的作用有如下三种：

①全景可以完整地展现人物的形体动作，展示动作幅度；可以通过形体来表现人物的内心状态。

②全景可以表现事物或场景全貌，展示环境，并且可以通过环境来烘托人物。

③全景在一组蒙太奇画面中，还可以指出主体在特定空间的具体位置。

图片来源于电影《英雄儿女》

（3）中景

中景是表现成年人膝盖以上部分或场景局部的画面。中景往往既能表现画面中的环境气氛，又能表现故事中人物之间的关系以及其心理活动，是影视作品中最常见的景别。

（4）近景

近景是比中景更小的景别，用来表现人物胸部以上的画面。近景重在表现人物的情感、状态，揭示人物的内心世界。相当于人们日常对话的距离感，所以也可以制造交流感。

图片来源于电影《英雄儿女》

中景与近景是对话段落中经常使用的两个景别，用于展示人物的内心情感，能非常细腻地刻画人物心理。

全景、中景、近景这三类镜头一般来说是一部影视作品中最主要的镜头，它们会在电影中占据最大的镜头比例。

（5）特写

特写是表现成年人肩部以上的头像或某些被摄对象细

图片来源于电影《英雄儿女》

部的画面，是视距最近的画面。特写的表现力最强，可以造成强烈的视觉效果，通过选择、放大细微的表情或细部特征达到吸引观众视觉注意的目的。特写镜头作用于我们的心灵，而不是我们的眼睛。也正因为特写能够短暂地吸引观众的视觉注意，它具有惊叹号的作用。

特写的作用：

①特写是影像语言的重要表现手段，可以起到强调、突出的作用。

②特写能够有力地表现被摄主体的细部和人物细微的情感变化，是通过细节刻画人物、表现复杂的人物关系、展示丰富的人物内心世界的重要手段。

图片来源于电影《英雄儿女》

在电影《英雄儿女》中，王成一人独守阵地，导演利用多组特写着重展现人物的面部细节，刻画人物坚毅的内心，在王成与敌人同归于尽的那一刻，感同身受的观众无不为之落下眼泪。

2. 角度

同学们读过苏轼的《题西林壁》吗?

“横看成岭侧成峰，远近高低各不同。不识庐山真面目，只缘身在此山中。”从正面、侧面、远处、近处、高处、低处看庐山都呈现不同的样子。其实之所以辨不清庐山真正面目的原因，是因为诗人身处在庐山之中。

像苏轼观看庐山一样，我们观察物体时，除了看到物体的大小，还会因为观看角度的不同，看见物体的不同样貌，产生不同的感受。镜头角度模仿的就是观众的视角。

镜头角度的划分:

影像镜头画面角度的划分都是以人的视线基点为基础的，不同的角度对观众的观感和影响也不同。镜头的角度千变万化，总体来说可以划分为垂直变化和水平变化两大类。

（1）垂直变化

垂直变化可分为平角（平视、平拍）、仰角（仰视、仰拍）、俯角（俯视、俯拍）三种角度变化。

①平角度

平角度是指摄影机处于和拍摄对象高度相等的位置，影像中绝大部分镜头的角度是平角度，因为平角度最契合正常人眼的生理特征，符合观众平常的观察视点和视觉习惯。它所表现的画面效果与日常生活中人所观察的事物相似，平角度会给人一种平和、自然、平等的心理效果。

图片来源于电影《海蒂与爷爷》

②仰角度和俯角度

摄影机处于低于拍摄对象的位置，从下往上拍摄为仰角度。反之，摄影机处于高于拍摄对象的位置，从上往下拍摄为俯角度。仰角度和俯角度相当于人抬头和低头看事物的感觉，它们是电影镜头的特殊角度。

仰角的作用：

仰拍的镜头赋予了拍摄主题力量和主导地位，使人产生高度感和压力感，具有较强的表现力。仰拍的画面会使

图片来源于电影《蝙蝠侠前传》

主体产生一种令人敬仰、醒目、优越的视觉效果，还会起到强调主体、净化背景的作用。

俯角的作用:

俯角度的画面效果在表现主体时能表达一种强调、压抑的效果，俯角度具有较强的感情色彩。如果用来表现人物，被摄主体会显得弱小、无助。

图片来源于电影《海蒂与爷爷》

图片来源于电影《金刚》

电影《金刚》第一幅图中，摄影机使用仰拍的角度拍摄金刚，展现出了金刚的高大与力量；躲在石头背后的男人显得渺小。第二幅图中，巨型章鱼的出现，逆转了金刚的地位。当金刚被章鱼缠绕处于弱势地位时，摄影机采用了俯拍的模式。之后，金刚战胜了章鱼，摄影机拍摄金刚的角度又变成了仰角，暗示着权力的回归。

（2）水平变化

水平变化分为正面角度（0度）、侧面角度（90度）、背面角度（180度），严格地说，一部影片中，所谓的正面角度、侧面角度、背面角度不是只有绝对的0度、90度或者180度，而应该根据画面效果和剧情需要，在水平轴面上灵活选择最适合的拍摄角度。常见的比如正侧面角度（0 ~ 90度），以及反侧面角度（90 ~ 180度）。

①正面角度

摄影机处于被摄对象的正面方向的角度。正面角度能够体现被摄对象主要外部特征，呈现角色的正面全貌，会产生庄重、正式的心理感受，如拍摄领袖做报告。正面角度会较为准确、客观、全面地表现人或物的本来面貌，但

图片来源于电影《狗脸的岁月》

同时也存在着一些不足，如：透视弱，缺少立体感，有时会显得人物呆板无生气，画面信息表现不充分等。

②侧面角度

摄影机位于被摄对象的侧面方向。用侧面角度拍摄画面显得活泼、自然，有利于表现对象的运动姿态，如奔跑的人或极速行驶的汽车。拍摄人物多用于表达人物之间的关系，适合表现人物之间的交流或对抗。侧面角度是影像作品中用得最多的角度。

图片来源于电影《海蒂与爷爷》

③背面角度

摄影机处于被摄对象的背面方向的角度。背面角度所表现的画面视向与观众视向一致，观众会有较强的参与感，

图片来源于电影《海上钢琴师》

一般在电视新闻现场报道中使用较多，具有很强的现场纪实效果。背面拍摄人物还会给观众带来一种危险悬念的暗示，因此在恐怖惊险片中也会经常使用这种视角。

课后活动：

利用本章学到的知识给爸爸妈妈拍摄几张不同的照片吧，注意结合新学习的景别与角度的知识哟！

三、镜头的基本运动

在之前的课程中，我们已经学习了景别和角度的知识。与此同时，大家是不是也注意到了影片中镜头运动的存在呢？

在早期电影诞生之时，德国电影理论家克拉考尔曾指出："电影所表现的乃是生活的动态、自然界和它的现象、人群和人们的变动。"我们可以将这句话理解为运动其实是电影与生俱来的本质之一。

镜头的运动形式可以分为固定镜头和运动镜头。固定镜头指的是摄影设备在不改变本身的位置也没有任何运动时所拍摄画面的方式。固定画面最主要的作用是展示，而运动镜头最主要的作用是引导。

图片来源于电影《拯救大兵瑞恩》

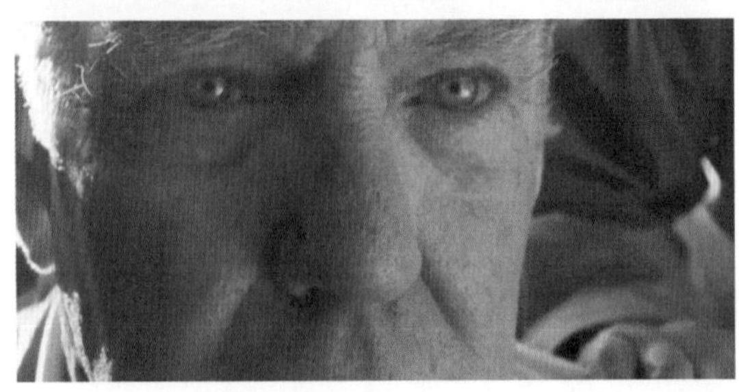

运动镜头的主要方式有推、拉、摇、移、跟，任何复杂的运动镜头都是以上 5 种基本运动形式综合的结果。

1. 推镜头

推镜头指的是镜头逐渐接近被摄物的运动或采用短焦变长焦的方式。

2. 拉镜头

拉镜头指的是镜头逐渐离开被摄物的运动或采用长焦变短焦的方式。

图片来源于电影
《海上钢琴师》

3. 摇镜头

摇镜头指的是摄影机位置固定，镜头借助三脚架做上、下、左、右摇动的拍摄方式。

图片来源于电影《十二怒汉》

4. 移镜头

移镜头是指摄影机沿水平面做横向或纵向的运动方式。垂直方向移动通常称为升、降。

图片来源于电影《十二怒汉》

5. 跟镜头

跟镜头指的是摄影机始终跟踪着被摄物体运动的拍摄方式。

图片来源于电影
《海上钢琴师》

课后活动：

本章我们学习了镜头的运动形式，大家可以在空闲的时间观看电影《雨果》，在观看的过程中注意观察电影中都有哪些运动形式。

图片来源于电影《雨果》

四、运动拍摄小技巧

本节课内容：

老师，我知道怎么拍运动镜头了，但是我拍出来的画面总不是很稳，有没有什么正确的姿势可以教我呢？

没问题，看我的，我来教你们几种手机拍摄的正确姿势。

1. 手持拍摄

（1）双手握住手机，手肘夹紧。

（2）寻找可以依靠的物体，比如墙、桌面、椅子等。

（3）蹲下拍摄，手肘依靠膝盖借力。

2. 手机支架

其实，我们还可以借助其他工具来进行辅助拍摄，例如手机支架、手机三脚架，还有手机云台。

手机支架是让手机固定在桌面或者地面上，从而保持手机稳定的工具。使用手机支架拍摄视频时要注意的是，手机支架只能被固定在某一个地方。

手机支架多用于小范围运动的视频拍摄，如果运动范围较大，超出了手机镜头的拍摄范围，同学们依然要将手机支架和手机拿起来拍摄，但手机支架并不能保证手持拍摄时的稳定效果。

3. 手机三脚架

手机三脚架的使用方法非常简单，只需要把手机固定在三脚架上，选择好需要拍摄的角度和位置就可以了。

手机三脚架相比手机支架更好用，也更专业；它在一定的高度区间内可以自由伸缩，也能调节手机的角度。

4. 手机云台

手机云台是目前拍摄短视频行业中最受欢迎的手机稳定器，它能自动根据短视频拍摄者的运动调整手机方向，使手机一直保持在一个平稳的状态，无论拍摄者在拍摄期间如何运动，手机云台都能保证视频拍摄的稳定。

智云 H5

手机云台分为固定云台和电动云台两种。固定云台相比电动云台视野范围和活动范围较小，所以电动云台更受大家的喜爱。但是由于手机云台自身有一定的重量，同学们在使用前需要根据自己的能力，判断自己是否能把握一个手机云台外加一部手机的重量。

课后活动：

根据以上介绍的运动拍摄技巧和辅助工具，大家一起来试试看，画面是不是拍得更稳了？

小 π 日记本：

经过第二章节的学习，小 π 的日记本上又多了许多内容，我们来看一下都记了些什么吧！

1. 今天我看了一部贾樟柯导演用手机拍摄的电影，真的好厉害，用手机竟然就能拍出这么好的作品，我以后一定也要试试。之后摄影老师教了我们几个关于摄影的关键要素，有曝光、焦点、景深。原来我之前拍得暗是因为曝光不够，拍得不清晰是因为焦点没有对准呀！

2. 今天老师教了我们几种非常实用的构图法则，有九宫格构图、三分构图，还有对称构图。我回去之后一定要多多练习，牢牢掌握。

3. 今天学习了镜头的概念，在相机上面有镜头。摄影机从开机到关机所录制的画面叫做镜头。难怪常常听人说，“这个镜头拍得怎么样”，原来是这个意思啊。

4. 好开心，今天知道了景别的划分，有远景、全景、中景、近景、特写五种景别，原来每种景别都可以表达不同的情绪和内容。今天我还学习了很多有用的知识，知道了在拍摄人像时的曝光准则以及逆光照片应该如何拍摄。我偷偷看了天气预报，明天是一个大晴天，我决定明天傍晚就去给妈妈拍摄一张美美的逆光剪影。

5. 今天摄影老师教了我们电影中那些炫酷的镜头运动都叫什么名字，分别有推、拉、摇、移、跟。而且每种镜头运动都可以达到不同的效果，这可真是个有用的知识，下周爸爸带我出去玩，我觉得就可以用上这些知识啦！

6. 今天是一节实践课，因为总是有同学和老师说，他拍出来的画面总是抖，于是老师就交给了我们几种可以稳定拍摄的姿势，还给我们介绍了几个辅助拍摄的道具。

第三章　手机摄影基础（下）

小 π 导读：

小 π 在上一章节的学习中已经掌握了许多关于构图、景别、角度以及镜头运动的知识，小 π 利用这些知识拍摄了很多特别好看的照片与视频，得到了爸爸妈妈的夸奖。但是小 π 说自己还不会修图，于是就去请教了老师，老师说这节课就会开始学习修图的知识，各位小导演快来和小 π 一起学习吧。

本章知识要点：

1. 人像照片拍摄

2. 前景、中景、后景

3. 照片优化调整

一、如何拍摄一张“特别的”人像照片

●本节课内容：

小π妈妈就要过生日了，小π想为妈妈拍摄一张好看的照片作为生日礼物。虽然小π已经学习了很多拍照知识，但对自己拍摄的照片都不太满意。同学们可以帮帮小π吗？

1. 手机摄影的奥秘

（1）运用不同的手机摄影模式拍摄创意图片

小π可以选择“人像”模式进行人物拍摄，这个模式下可以将背景画面进行虚化，从而突出人物主体。特别是当背景比较杂乱的时候，人物就能很好地在画面中脱颖而出了。

图片来源于电影《天才少女》

小问答：

同学们有没有发现，当我们用手机以不同距离去拍摄同一个物体时，画面会发生轻微的差异。

手机镜头的设计与拍摄距离的结合运用，让我的画面形成了奇妙的边缘变形。我们利用这个特点可以拍摄出非常有创意的照片。

（2）借助手机曝光控制画面美感

手机的曝光是自动的，小π注意到当我们举起手机将对焦点对准不同的物体时，画面的亮度也有所不同。所以在拍摄人像时，我们的对焦点及曝光应以人物脸部为准。

但是有时我们会处在明暗对比强烈的环境中，比如人物站在太阳或者强光之下。当我们对焦人物脸部时，虽然保证了脸部的曝光准确，但其他地方仍然会出现过曝或过暗的情况。这时我们应该保证整体的画面不要过曝，人脸可以稍暗一点，我们可以通过后期拉高阴影的方法，实现人脸曝光准确。

当然有的时候，我们可以尝试去拍摄大逆光的照片，比如夕阳西下的背影、太阳洒下的光斑等。

图片来源于电影《海蒂与爷爷》

图片来源于电影
《乱世佳人》

课后活动：

利用新学到的技巧，同学们快和小 π 一起为爸爸妈妈拍摄一张充满创意的照片吧。

2. 人物图片摄影简单三步法

（1）确立主题与风格

在日常的拍摄中，我们总是拿起手机就开始拍摄了。但一张有主题的人物照片，往往会从这些随手拍摄的照片中脱颖而出。

这是因为拥有主题的照片能更好地表达拍摄者的想

法，传递信息。

小问答：

如果我们要以“特立独行”为主题，拍摄一张人物照片，同学们会怎么设计呢？小 π 提示大家可以从人物的拍照姿势、道具、服装等角度进行思考。

小 π 觉得，从现在起我们应该要养成习惯，拍照前去思考画面的主体是什么，通过画面想要表达什么，是传达一种情感，还是记录一段时光。同时，我们也要在生活中去发现主题，无论是熟悉的人或陌生的人，去观察他们身上的特点，发掘他们身上的故事。

（2）确定取景

当我们确定了主题以后，人物应该站立的位置，人物与周围的环境如何融合是我们需要思考的第一步。景深是我们在摄影课上学习过的知识，所以考虑人物与环境的关系时，一定要带着景深的思维去思考画面。

前景是指画面中处于主体前面、靠近镜头的景物。并不是所有照片都需要前景，但是恰当运用前景可以增加画面的层次感，提高画面的表现力和感染力。

借助前景，通过色彩的对比达到画面平衡。

背景是画面的重要构成因素，在人像拍摄中起到烘托主题、帮助叙事、渲染氛围的作用，有助于说明人物所处的时间、地点等。

如果在拍摄的过程中过度关注主体而忽略背景的取舍，会让画面显得主次不分，没有章法。

无论前景或背景，在拍摄中我们都应当注意保持画面的简洁，选择较为干净的陪衬物，画面色彩与拍摄主体和谐，突出人物，不要喧宾夺主。

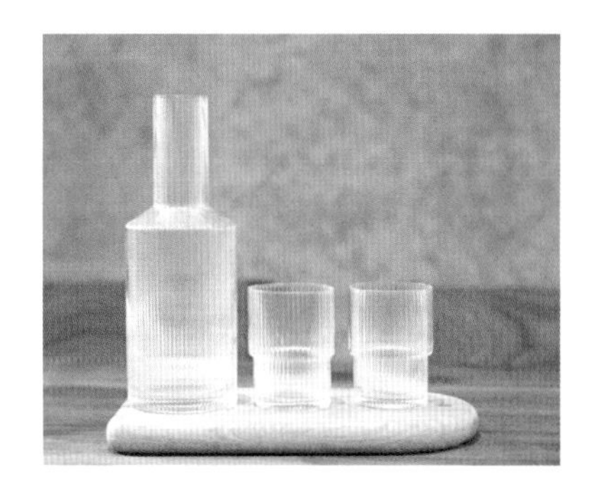

（3）确定构图与拍摄角度

在拍摄人物时，我们需要根据画面的主题和风格来安排构图。需要注意的是在选择构图的时候要突出人物的优点、照片主题，避免画面出现杂乱的元素。

在人像拍摄时，不同的拍摄角度常常会为画面带来不同的艺术效果。例如俯视角度拍摄人物，会让人物显得弱小，惹人怜爱。用平视角度进行拍摄，人物视线看向摄影机，照片则会呈现一种人物在与镜头交流的感觉，突出人物的情绪。

图片来源于电影《海上钢琴师》

学习了前面三个步骤之后就让我们开始实践拍摄吧！但是除了前面三个要点之外，我们还需要注意人物拍照时的姿势、表情以及与主题相融合的着装。

在拍摄的时候，我们可以与拍摄对象进行有效的交流，让他们更积极自信地参与到拍摄中，比如鼓励、夸赞的方式，让他们更加放松。

课后活动：

同学们根据以上的三步法来拍一张人像“大片”吧！

二、摄影小技巧

●本节课内容：

如何拍显高？

1. 站姿四六构图

2. 对角线构图

3. 仰拍

4. 坐姿伸腿

小π今天给姐姐拍摄了几张照片，但是姐姐对小π的“出片”不是很满意，因为小π把姐姐拍得又矮又胖。

于是小π就这个问题请教了摄影老师，摄影老师说这节课就来教给小π怎么把人拍得又高又瘦又好看。

站姿四六构图

第一种方式是采用站姿四六构图的方式，这种构图方式可以在人物稍远的位置进行拍摄，给人物上方留足空间。

对角线构图

第二种方式就是使用对角线构图法，使用这种构图法则可以使人物的线条感更加明显。

仰拍

第三种方法是使用仰拍，通过前面的学习我们知道，仰拍会使人物显得更加高大。

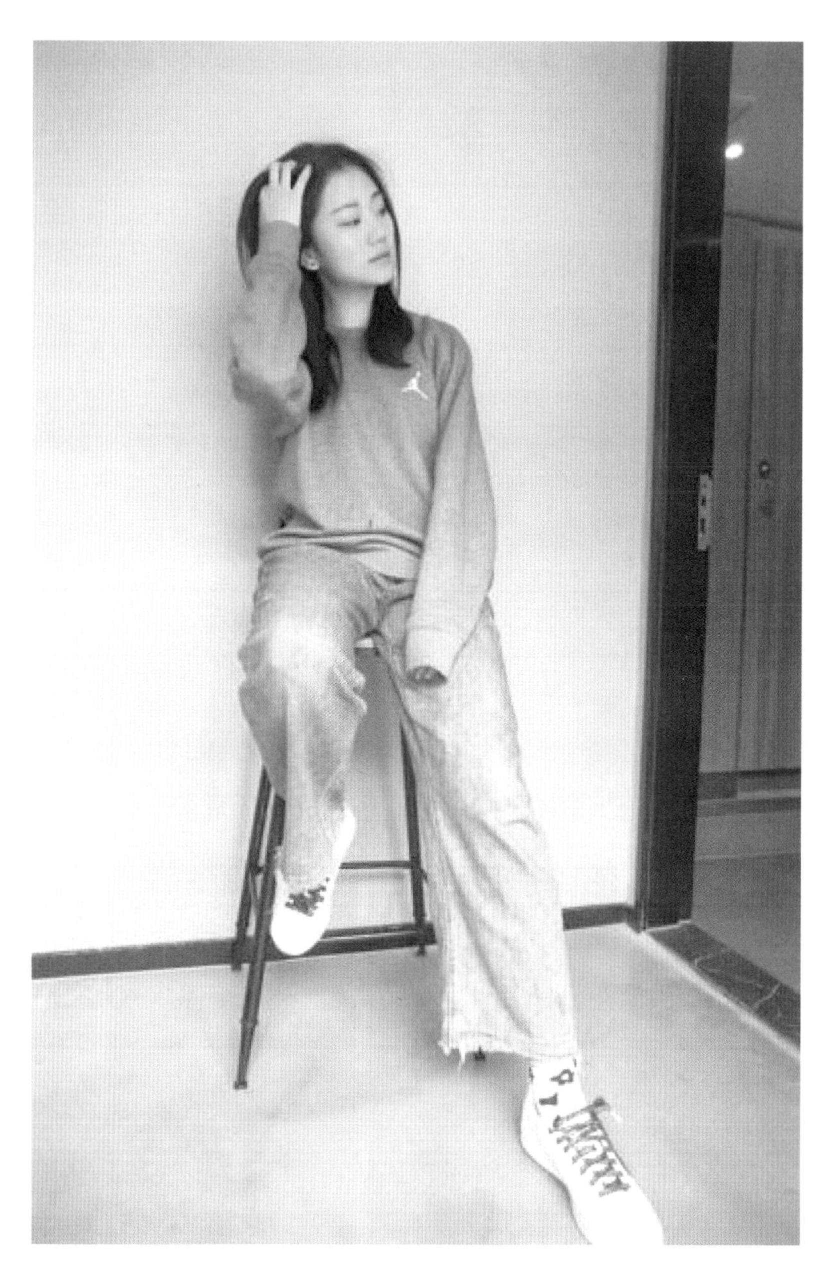

坐姿伸腿

第四种方法是坐姿伸腿并且采用仰拍的角度，这种角度可以使人物整体的比例更加修长。

掌握了以上几种人像拍摄的小技巧后，小 π 信心大增，打算回去好好表现，一定要拍出让姐姐称赞的好看的照片。同学们你们也学会了吗？

三、照片的优化调整

●本节课内容：

1. 照片的基础调整

2. 照片的优化调整软件

1. 曝光

根据画面我们看到，当我们对曝光参数进行调整时，画面整体的亮暗会出现非常明显的变化。

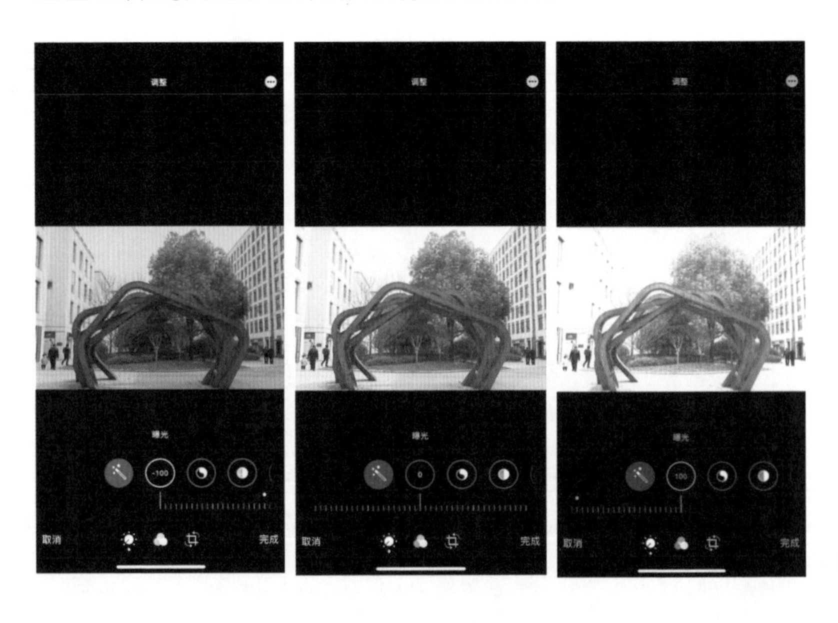

2. 对比度

根据下面的画面我们看到，对比度越高，图片的局部亮暗差异越明显。

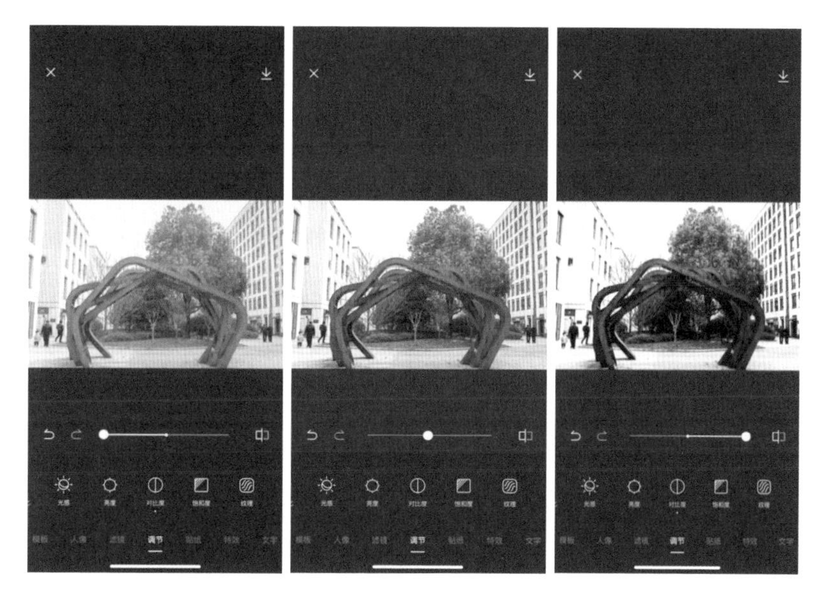

3. 饱和度

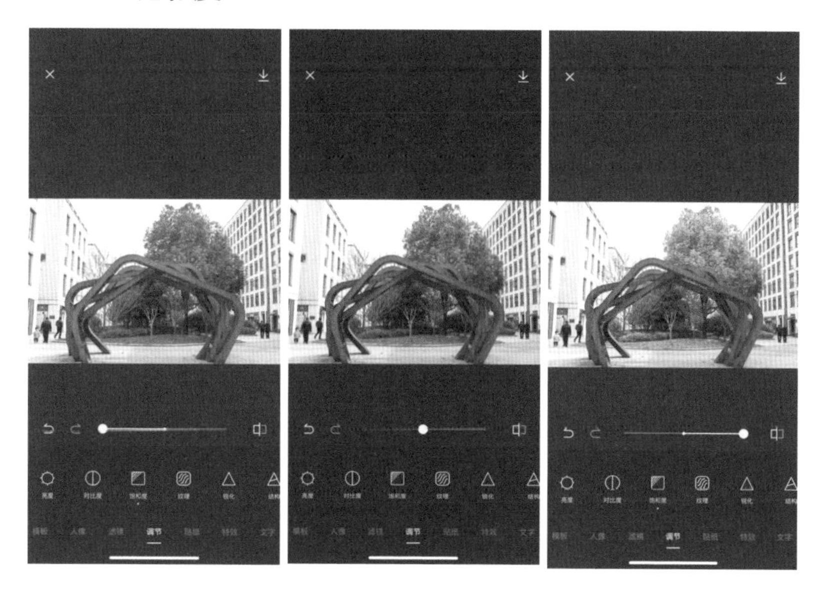

根据上面的画面我们看到，图片的饱和度越高，图片的色彩就越鲜艳。

4. 色温

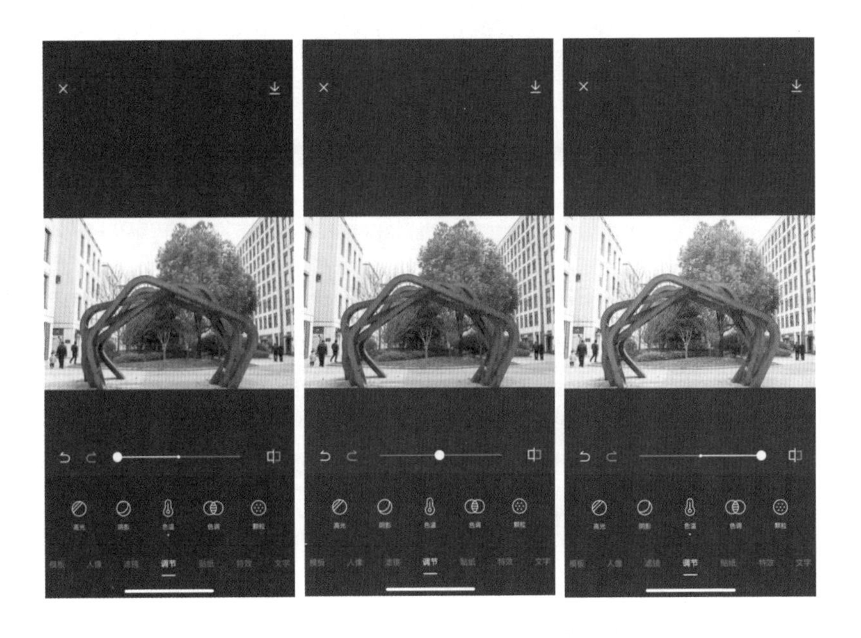

根据上面的画面我们看到，色温的调整对图片整体的冷暖色调变化影响很大。

5. 人像拍摄修图

我们在学习影视制作的时候，已经了解到了后期的概念。在完成一套图片拍摄的过程中，也存在着对图片进行后期处理的需求。我们可以通过图片后期工具对原片的主题进行提炼、重新设计，弥补和丰富我们对主题表达的需求。

通常我们会遇到的操作有：美颜、自动美化、裁剪画面重新构图、加滤镜、调整亮度、添加主题文字等。手机匹配的后期修图软件有很多，我们以美图秀秀软件为例，为大家进行讲解。

（1）画面的裁剪

在这个界面中，我们可以给图片进行裁剪、旋转以及矫正。

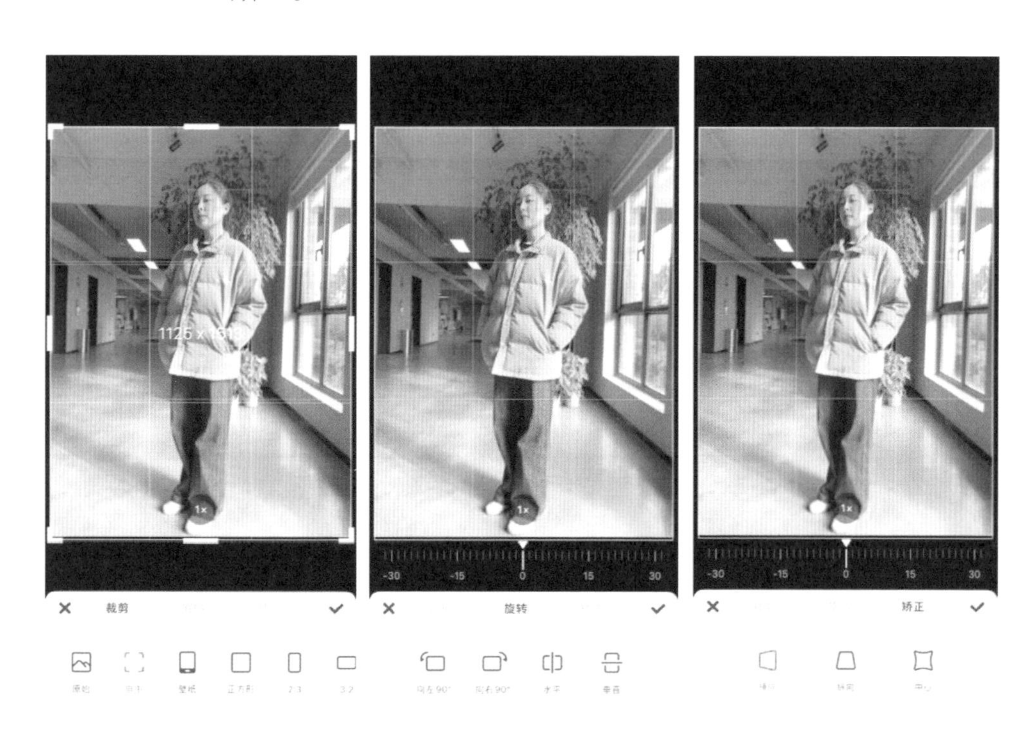

（2）调色与滤镜

在以下两个界面中，我们可以给照片更改色温等参数，也可以添加滤镜。

（3）文字、贴纸与边框

在这三个界面中，我们可以为我们的照片去添加字体、贴纸以及边框。

6. 常用的照片优化调整软件

Snapseed

美图秀秀

醒图

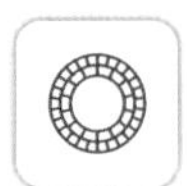
滤镜 VSCO

课后活动：

选择之前拍摄的一张人像照片，去尝试下不同的修改效果吧！

四、用照片讲故事

●本节课内容：

通过前面章节的学习，小 π 已经掌握了拍照以及修图的技能。如何拍出会讲故事的照片呢？首先，我们得学会讲故事，才能让照片充满内涵，让人产生无尽的联想。

1. 找到有典型特征的事物

【一朵荷花】：绿色的荷叶中间盛开着一朵粉红色的荷花，似乎在炎热的夏天给人带来了一丝清凉的气息。

每一个画面都有自己的核心主体，找到了这个主体，我们就抓住了画面的核心。

2. 交代环境背景

【西湖边的落日】：2020 年国庆，我来到了杭州西湖，在西湖边看到了这样一幅景象：黄昏，行人都停下了脚步静静地欣赏落日。

每个故事都有其发生的背景：从金黄的落叶能感知到秋的氛围，从隐居昆仑山能了解一个人的性格和人生观点，从操场和图书馆能知道人物的学习环境。

同样地，画面中的背景交代了故事发生的环境，让人能根据特定事物产生相应的联想。

3. 拍摄细节

【门与手】：见一叶而知深秋，窥一斑而见全豹。

从门后伸出了一只手，他是仓促逃走正在关门，还是想要匆忙地开门进来呢？

舍弃了对整体的刻画，让一只手来代替整体，画面更有冲突感，更能制造悬疑和营造故事性。

【被子里的猫】：猫咪藏在被子里，它是想舒舒服服地睡一个懒觉呢，还是正在努力地挣扎着起床呢？

课后活动：

寻找一个题材，用 5—9 张照片讲述一个故事。

小 π 日记本:

经过第三章节的学习，小 π 的日记本上又多了许多内容，我们来看一下都记了些什么吧!

1. 今天摄影老师带我们去给演员姐姐拍照，告诉我们：只要仰拍，并且找好拍照的姿势就可以把人拍得瘦瘦高高，更好看。我回家之后也一定要给妈妈拍一张。回到教室，老师又教了我们几种手机修图的方法，掌握之后就算前期拍得不是那么好也可以补救回来。

2. 原来一张照片还有这么多学问呀，有前、中、后景的区分，还有构图角度也需要注意。摄影老师还告诉我们：想要拍好一张照片，除了多拍，还要多看好作品，提高自己的审美能力。妈妈答应每周给我买一期摄影杂志，我真的超级开心。

3. 今天导演老师教了我们如何用照片去讲故事，老师先是给我们看了几张照片，然后和我们详细讲解这几张照片是如何讲述故事的，我感觉和文字相比，照片呈现内容更加直观，而且更加有冲击力。

第四章　蒙太奇与手机剪辑基础

小 π 导读：

小 π 在经过前几个阶段的学习之后，已经积攒了很多拍摄作品了，小 π 很想把这些作品剪辑成一个 Vlog。于是小 π 就找到了剪辑老师，剪辑老师答应小 π，下节课就开始教小 π 关于剪辑的内容，但是在学习剪辑之前还需要知道一个小知识——蒙太奇。那么蒙太奇是什么呢？剪辑又应该如何操作呢？各位小导演快来和小 π 一起学习吧。

本章知识要点：

1. 蒙太奇

2. 必剪的操作使用

一、电影的语法——视听语言

●本节课内容：

视听语言可以从字面上进行分解——视：视觉，人的眼睛具体看到的景象。听：听觉，人的耳朵听到的声音。语言：一种用来传达信息的工具。因此，视听语言就是利用视觉和听觉刺激的合理安排，向观众传播某种信息的一种语言。

与其他语言一样，视听语言也有自己的语法。

“小 π 喜欢看电影” = 主语（小 π）+ 谓语（喜欢）+ 宾语（看电影）。

那么，视听语言 = 视觉 + 听觉 + 剪辑

同学们一起来思考，用视觉与听觉搭配的方式，大家会如何展现“小 π 喜欢看电影”呢？

大家会发现，这个小片段其实是使用 3 张不同的画面拼接在一起的。

片段一：电视画面；

片段二：小 π 坐在沙发上；

片段三：小 π 坐在沙发上看电视。

将画面进行有意义的组接，就是我们常常提到的剪辑的概念。这也是影片制作后期阶段，由剪辑师完成的工作。

当我们提到剪辑时，常会提到一个词：蒙太奇[①]。蒙太奇是一种剪辑理论——几个单独的画面通过并列组合，会生成单个画面所不具有的新含义。苏联电影工作者库里肖夫认为，单个镜头画面只不过是素材，只有蒙太奇才能实现电影情绪反应，只有蒙太奇的创作才称为电影艺术。

为了理解这句话，同学们一起来看一个有趣的实验吧。

小 π + 一份薯条

① 蒙太奇是音译的外来语，原为建筑学术语，意为构成，装配。

小 π+一只小鸟

小 π+两个小朋友

同学们看了这三组图片后，会不会分别感受到小 π 不同的情绪呢？

小 π + 薯条 = 小 π 很想吃薯条

小 π + 动物 = 觉得这个小动物很可爱

小 π + 小朋友 = 小 π 想和两个小朋友一起玩耍。

这三个组合中，我们应用的都是同一张小 π 的照片，所以小 π 的情绪其实都没有发生变化。但当小 π 的照片与不同的镜头画面进行组合，大家就会产生不同的感受。这就是蒙太奇的效果，我们也将这个现象称为库里肖夫效应。

课后活动：

同学们能用手机拍摄四张照片，实现三组蒙太奇效果吗?

二、手机剪辑基础

本章知识要点：

1. 剪辑软件的基础操作
2. 音乐与画面的卡点
3. 特效的添加制作

老师的任务：

1. 审核学生素材
2. 对学生的剪辑作品提出指导意见
3. 对操作出现的问题进行针对性的帮助

●本节课内容：

必剪的基础操作

在观看视频的过程中，同学们一定发现了，当视频内容比较简单而画面时间又比较长的时候，观众的注意力是很容易涣散的。所以我们想要制作一个优秀的视频，第一步就是要学会进行素材剪切与筛选。接下来，老师会以“必剪”这款剪辑软件为例，教给大家剪辑的基础操作。

（1）打开必剪软件，导入视频素材。

▶操作：导入

（2）点击“剪辑”，或直接点击视频轨道进入；点击“切割”，或直接拖动视频，可以调节视频长短。

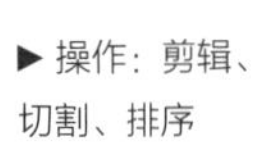

▶操作：剪辑、切割、排序

（3）点击“剪辑”，或直接点击视频轨道进入；点击“排序”，在这里可以将素材按照你喜欢的顺序进行排列。

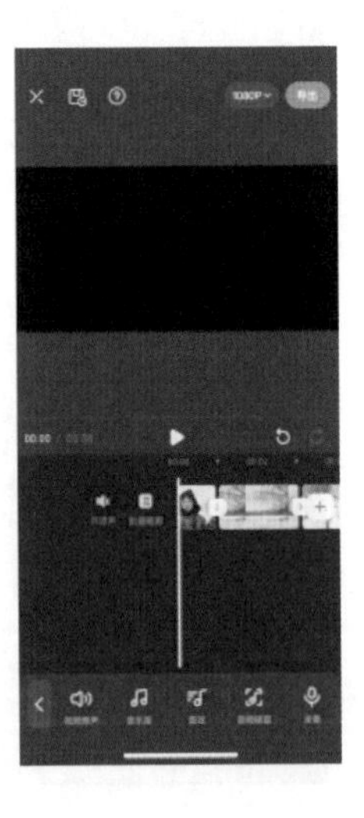

▶操作：选择音乐

（4）点击“音频”，点击“音乐库”，进入音乐库选择合适的音乐。

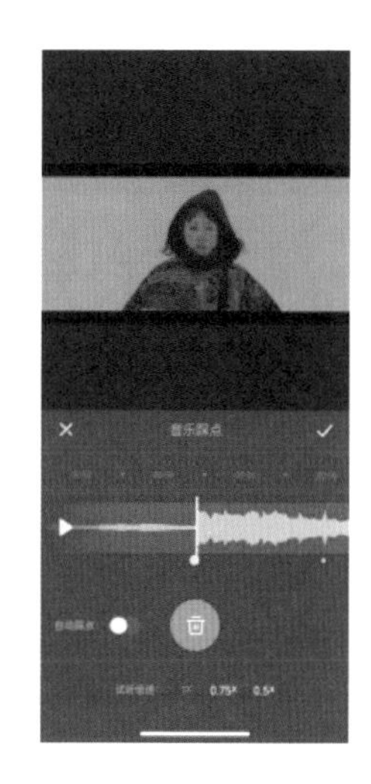

▶操作：音乐卡点

（5）点击“音频轨道”上的音乐，点击“音乐卡点”进行卡点。

▶操作：文字添加

（6）点击下方的文字选项，我们来进入字幕的制作，在这里可以给自己的视频加上想要的文字，还有不同的字形可以选择。

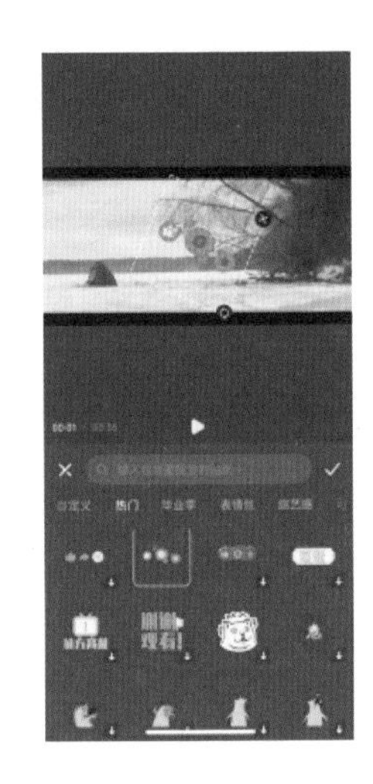

▶操作：贴纸

（7）点击下方的贴纸选项，进入贴纸的制作，在这里可以给自己的视频加上喜欢的贴纸，在预览窗口还可以调节角度以及大小。

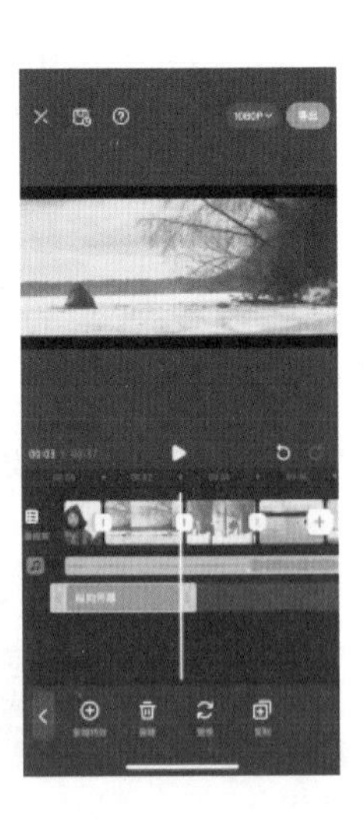

▶操作：添加特效

（8）点击下方的特效选项，进入特效的制作环节；点击“特效轨道”上的“纵向开幕”效果，拖动至片头，并把效果拖至合适的长短。

课后活动：

利用今天学习的知识，剪辑一个 Vlog。

小 π 日记本：

第四章的学习已经结束啦，我们一起来看一看小 π 的日记本上都记了些什么吧！

1. 电影的语法原来叫做视听语言呀，就是用视觉和听觉来传递信息的语言。

2. 今天学到了一个很有意思的专业名词，叫做蒙太奇，是用画面的不同组接来达成视觉效果的一种手段。

3. 剪辑真的好有意思呀，可以把画面按照自己喜欢的顺序进行排列，还可以加上各种有意思的特效和贴纸。

第五章　人像 Vlog 创作

小 π 导读：

在学会用影像讲述故事之后，老师告诉小 π 这个学期关于电影的知识都已经学完了。但是小 π 心里总觉得不安，生怕自己过一段时间就全部忘记了。导演老师告诉小 π，影像的学习就是需要不停地练习，要创造一切机会把学习到的知识运用到实操练习中，这样才能不断进步。

小 π 回家后和爸爸商量了一下，爸爸决定这个周末带小 π 出去旅游，小 π 打算以爸爸为主角，拍摄一个旅游 Vlog，巩固一下这学期学到的知识。各位小导演们，建议你们也赶紧回家和爸爸妈妈商量一下，拍摄一个人物小短片，给他们一个惊喜。

本章要点与老师任务：

1. 选题的含义与人物选题表的制作

2. 人物 Vlog 规范化制作流程

3. 学生 Vlog 作业点评与修改

4. 作品展映仪式

《　　　　》 小导演短片策划表			
选题基本信息			
拍摄人		拍摄时间	
拍摄主题要素			
1	主要角色姓名		人物姓名
2	为什么拍摄他 / 她?		人物的独特之处是什么？（例如：小 π 性格独特）
3	人物的身份		角色在社会中是什么身份?（例如：学生）
4	故事发生的场景		故事在哪些场景中拍摄？（例如：学校教室）
拍摄心得			

请同学们认真填写选题表，由于本章多为实践内容，老师特意给大家录制了线上课程。同学们可以扫描二维码进入线上课堂进行学习。

经过了整整一学期的学习，小 π 已经看到了如何一步一步成为导演这条清晰的道路。这学期小 π 不仅学习了很多关于影视制作的知识，还学会了拍照、摄影、剪辑，学会了用影像来讲故事，用影像去表达自己的思考。就像电影英雄强大的超能力一样，影像技能已经逐渐成为小 π 表达自己内心想法的“新武器”。

小 π 说：

在这学期中，我还认识了许多新朋友，有导演叔叔、摄影叔叔、美术阿姨，还有漂亮的演员姐姐……凭借着相同的爱好，我们已经成为非常要好的“忘年交”。他们教会了我许多非常有用的知识，我用这些知识拍摄了许多好看的照片和视频，并且制作了一个关于人像的 Vlog 和一个影像手账本。

相信各位小导演应该都和我一样，已经开始期待下一学期的学习了。听几位老师说，我们下学期要学习很多更有趣、更专业的知识哦，希望可以和大家在下学期的学习中再次相遇，一起去追求我们的导演梦想！

培育新一代青少年影像人才，

推动中国故事走向世界

图书在版编目（CIP）数据

青少年视频编导教程. 1级 / 赵琰主编. -- 北京 : 中国广播影视出版社, 2022.12
（青少年视频编导教程系列丛书）
ISBN 978-7-5043-8871-1

Ⅰ. ①青… Ⅱ. ①赵… Ⅲ. ①视频制作－青少年读物 Ⅳ. ①TN948.4-49

中国版本图书馆CIP数据核字(2022)第112320号

青少年视频编导教程（1级）

赵琰 主编

出版人 纪宏巍
图书策划 王萱
责任编辑 王萱
责任校对 张哲
装帧设计 智达设计

出版发行 中国广播影视出版社
电话 010-86093580 010-86093583
社址 北京市西城区真武庙二条9号
邮编 100045
网址 www.crtp.com.cn
微博 http://weibo.com/crtp
电子信箱 crtp8@sina.com

经销 全国各地新华书店
印刷 北京凯德印刷有限责任公司

开本 787毫米×1092毫米 1/16
字数 62（千）字
印张 7
版次 2022年12月第1版 2022年12月第1次印刷

书号 ISBN 978-7-5043-8871-1
定价 39.00元